José Machado
José Ferrer

Biorreactor de columna de lecho fijo

José Machado
José Ferrer

Biorreactor de columna de lecho fijo

Los procesos biotecnológicos han contribuido en gran medida a la reutilización y revalorización de los residuos agroindustriales

ScienciaScripts

Biorreactor de columna de lecho fijo

José Luis Machado Pulgar

José Ramón Ferrer González

CONTENIDO

2

RESUMEN

El conocimiento de las propiedades físicas de un material, en cada una de las etapas de la fermentación en estado sólido, juega un papel especialmente importante en el desarrollo óptimo de estos procesos y en la posterior manipulación de los productos finales. El objetivo de este estudio fue plantear un modelo empírico que permita predecir las propiedades estructurales de un material lignocelulósico para el proceso de fermentación en estado sólido. Para ello, se recogieron datos de caída de presión para diferentes caudales de aire, que se hace pasar a través de un biorreactor cilíndrico de lecho fijo que contiene cáscara de naranja (*Citrus x sinensis*) molida durante doce días de fermentación, un intervalo de tres días. Se obtuvieron experimentalmente los valores de la densidad de partículas sólidas, la densidad aparente y la porosidad, así como la temperatura y el contenido de humedad en cada etapa. Los valores de caída de presión, y el flujo se correlacionaron, resultando ecuaciones cuadráticas con un coeficiente de correlación de alrededor de 0,99 Ergun modelo ajustado. Se realizó un análisis dimensional con los parámetros que intervienen en el sistema y se obtuvo un conjunto de ecuaciones que, junto con las anteriores, permiten determinar las propiedades estructurales de la matriz de material lignocelulósico a partir de los valores medidos de caída de presión en función de la velocidad del flujo de aire. Se verificó que los lechos de medios porosos, al menos en la cáscara de naranja puede ser modelado utilizando las ecuaciones que prevé la mecánica de fluidos inertes lechos porosos empaquetados. Durante el proceso de fermentación es un cambio en el tamaño efectivo de partícula, el efecto de los microorganismos, como lo demuestra el aumento de la caída de presión por unidad de longitud a la misma velocidad de flujo.

Palabras clave: modelo empírico, lecho fijo lignocelulósico, fermentación en estado sólido, propiedades físicas estructurales.

INTRODUCCIÓN

Los procesos de reutilización y revalorización de residuos agroindustriales, como el salvado de trigo, el bagazo de uva, la pulpa de café, la fibra de caña de azúcar o la piel de naranja, entre otros, son cada vez más empleados. Los procesos biotecnológicos, especialmente la fermentación en estado sólido (FSS), han contribuido a dicha reutilización, ayudando a resolver los problemas de contaminación causados por su acumulación.

La SSF es un método adecuado para el procesamiento y la utilización de materiales lignocelulósicos residuales de procesos agroindustriales. El conocimiento de las propiedades físicas del material, en cada una de las etapas de fermentación, juega un papel especialmente importante en el desarrollo óptimo de estos procesos, así como en la posterior manipulación de los productos finales.

La literatura reporta métodos de caracterización de matrices orgánicas, sometidas a diferentes procesos de transformación, relacionando los parámetros físicos entre sí. En este trabajo se propone un modelo empírico que permite predecir las propiedades estructurales de un material lignocelulósico, con cáscara de naranja (*Citrus x sinensis*) durante el proceso de fermentación en estado sólido.

Los datos obtenidos se correlacionan mediante análisis dimensional, para obtener un modelo empírico con parámetros adimensionales que relacionan las variables físicas, las características del material y la dinámica del flujo de gas. Los valores obtenidos por el modelo se comparan con los medidos por procedimientos experimentales y con los predichos por el modelo de Ergun. Se espera que el modelo propuesto permita predecir, con la mejor aproximación, las características físicas del material para las distintas etapas del proceso de fermentación.

<u>CAPÍTULO I. EL PROBLEMA</u>

1.1 Planteamiento del problema

El crecimiento de la población humana ha generado un aumento de lo que se conoce como biomasa residual, formada por residuos de actividades agrícolas, agroindustriales, alimentarias y forestales y residuos sólidos urbanos, que representa un importante problema medioambiental por sus efectos contaminantes.

Los métodos utilizados para la gestión de estos residuos son diversos e incluyen la combustión directa, procesos termoquímicos como la gasificación y la pirólisis, y tratamientos biológicos de biodegradación aeróbica y anaeróbica, entre otros. Cada método requiere el conocimiento y manejo de un conjunto de propiedades físicas para acondicionar el sustrato (residuo) para el proceso, como parámetros de control y optimización del mismo y para la posterior gestión del material o materiales producidos.

Entre los métodos apropiados para la gestión y aprovechamiento de residuos lignocelulósicos generados en actividades agrícolas y agroindustriales, como el bagazo de caña de azúcar, la pulpa de café, el escobajo de uva o la cáscara de naranja, se encuentra la Fermentación en Estado Sólido (FSS), como el compostaje, que se lleva a cabo colocando el sustrato en pilas o en el interior de contenedores o reactores de diferentes geometrías. Al tratarse de un proceso aeróbico, su óptimo desarrollo requiere una adecuada disponibilidad de oxígeno, proporcionada por aireación forzada o pasiva, que a su vez permita mantener el perfil de temperatura y el contenido de humedad necesarios para la actividad microbiológica.

El mecanismo de aireación se realiza haciendo pasar aire a través del lecho constituido por la masa de los residuos que se van a procesar. Dada la variada morfología de estos sustratos, formados como una matriz porosa (o granular) debido al empaquetamiento de partículas de diversos tamaños, el proceso de aireación se considera como el flujo de un gas a través de un medio poroso.

Se han propuesto varios modelos derivados de las teorías de los medios porosos basados en la Ley de Darcy para describir los parámetros físicos y la dinámica del flujo de aire a través de diversas matrices orgánicas, con resultados buenos o aceptables, como el modelo semiempírico de Ergun. Sin embargo, éstos dependen del material o sustrato utilizado y las constantes del modelo dependen del grado de correlación con los valores obtenidos por diferentes métodos de medida, originalmente diseñados para caracterizar pequeñas cantidades de medios porosos como rocas y suelos, que no proporcionan valores representativos de la matriz sólida orgánica.

En consecuencia, el mecanismo de aireación depende de un conjunto de parámetros físicos relacionados con la estructura del material, como la porosidad, la permeabilidad y la densidad del medio. Además, a medida que avanza el proceso de biodegradación, el sustrato se transforma en otra materia orgánica, que varía en contenido de humedad, densidad, tamaño y forma de las partículas, por lo que los parámetros de flujo cambian con el tiempo.

Es necesario entonces determinar las propiedades estructurales, en las distintas etapas de la fermentación, para establecer los parámetros que permitan controlar y obtener un producto con las cualidades deseadas.

Se plantea la siguiente cuestión:
¿Será posible desarrollar una técnica o proceso sencillo y general para obtener un modelo empírico que permita predecir los valores de los parámetros estructurales en las distintas etapas de un proceso de fermentación en estado sólido?

4.1   Objetivos de la investigación

1.2.1 Objetivo general

Formular un modelo empírico que permita predecir las propiedades estructurales de un material lignocelulósico, como la piel de naranja (*Citrus x sinensis*), durante el proceso de fermentación sólida.

1.2.2 Objetivos específicos

Caracterizar la estructura de los lechos fijos de material lignocelulósico en las distintas fases del proceso de fermentación sólida.

Analizar la variación de los parámetros de flujo (caída de presión y velocidad del flujo de aire), en función de los parámetros estructurales previamente obtenidos.

Determinar los parámetros adimensionales que relacionan las variables físicas que intervienen en el sistema.

Explique el significado físico de los parámetros adimensionales obtenidos contrastándolos con los parámetros predichos por el modelo de Ergun.

4.1   Justificación y delimitación de la investigación

Debido a los altos precios de los combustibles fósiles y al fenómeno del calentamiento global, existe un creciente interés en el desarrollo de energías alternativas no contaminantes basadas en el uso de recursos renovables, como los biocombustibles a partir de materiales lignocelulósicos proporcionados por cultivos y productos residuales de la agroindustria como el bagazo de caña de azúcar, residuos de soja, maíz, arroz, escobajo u orujo de uva, cáscaras de naranja, entre otros.

Estos materiales también se utilizan como sustitutos de la madera en la producción de pasta de papel. Asimismo, mediante procesos de fermentación en estado sólido, constituyen materias primas para producir fertilizantes orgánicos y/o acondicionadores del suelo, piensos para el ganado y producción de enzimas, de amplio uso industrial.

La fermentación en estado sólido es un proceso de transformación de la materia orgánica por microorganismos termófilos, que requieren nutrientes, oxígeno y humedad adecuados para el desempeño de su actividad. La literatura reporta suficientes investigaciones que verifican la importancia del pleno conocimiento de los materiales y de la interacción de un conjunto de propiedades estructurales, como humedad, densidad, porosidad, permeabilidad, tamaño y forma de las partículas, así como pH, temperatura, tasas de aireación, entre otras, para el óptimo desempeño de la actividad microbiana y del proceso.

La investigación en general se ha orientado a establecer correlaciones sobre las interacciones de estos parámetros entre sí, para materiales orgánicos, determinados a partir de mediciones *in situ*, sin la posibilidad, en algunos casos, de extender el método a otros sustratos y otras condiciones.

En esta investigación pretendemos obtener un modelo empírico que represente un método general aplicable a otros sustratos. Este modelo nos permitirá determinar las propiedades estructurales de una matriz de material lignocelulósico, relacionándolas con los valores medidos de la caída de presión en función de la velocidad del flujo de aire, que pasa a lo largo de un lecho de material lignocelulósico durante el proceso de fermentación.

El estudio es una contribución al conocimiento de las propiedades de los medios porosos orgánicos y a la física de los materiales granulares, que apenas se investigan en el país.

Esta investigación se enmarca en el campo de la física de la materia condensada, concretamente en la determinación de las propiedades físicas de los materiales y la mecánica de fluidos, utilizando el análisis dimensional y las ecuaciones de Ergun como modelos para describir el flujo a través de lechos porosos empaquetados.

2.1 Antecedentes de la investigación

La importancia de determinar las propiedades físicas y fluidodinámicas de los materiales o sustratos orgánicos, como los residuos lignocelulósicos, parte de la biomasa vegetal compuesta por celulosa, hemicelulosa y lignina, ha quedado ampliamente demostrada en la literatura científica.

Estos residuos se someten a determinados métodos de transformación, como la fermentación en estado sólido, en los distintos procesos necesarios para su adecuación, procesamiento y posterior manipulación. Entre estas propiedades, dependiendo de las características del método, se encuentran el contenido de humedad, la densidad aparente en base húmeda y/o seca, la densidad de las partículas, la porosidad (generalmente reportada como espacio libre de aire o porosidad llena de aire), la permeabilidad, el tamaño o diámetro de las partículas, el factor de forma o esfericidad, el área superficial efectiva, así como la disponibilidad de oxígeno proporcionada por la aireación. La interdependencia entre estas propiedades también se menciona en la bibliografía.

Chandler, Ferrer, Mármol, Páez, Ramones & Perozo en la investigación titulada "Efecto de la aireación en el compostaje de bagazo de caña de azúcar" [2], estudiaron la producción de abono orgánico a partir de bagazo de caña de azúcar mediante compostaje en un biorreactor cilíndrico de lecho empacado de 100 L de capacidad. Bajo variaciones del caudal de aire y del tiempo de aireación permitidos por las condiciones del equipo, se obtuvieron valores adecuados de pH y valores máximos de temperatura media que impiden el desarrollo de microorganismos patógenos, asegurando la calidad microbiológica del producto obtenido.

El efecto de la aireación y el tiempo de aireación en el bioproceso semisólido del bagazo de uva sobre los parámetros indicadores de biotransformación fueron estudiados en la investigación denominada "Fermentación en estado sólido de residuos generados en la industria vitivinícola", realizada por Berradre, Mejías, Ferrer, Chandler, Páez,

Mármol, Ramones & Fernández [3]. El proceso se llevó a cabo en un biorreactor cilíndrico de lecho empacado con una capacidad operativa de 98 litros, conectado a un rotámetro y a un compresor para medir los caudales de aire, durante tiempos de aireación de 2 y 3 horas. A partir del análisis de varianza aplicado, se estableció que el efecto causado por el flujo de aire sobre el contenido de nitrógeno, el contenido de carbono y la relación (C/N) no dependía del tiempo de aireación seleccionado.

El caudal de aire utilizado y los tiempos de aireación afectaron al contenido en nitrógeno del producto obtenido, pero no al contenido en carbono; por otra parte, el caudal de aire utilizado afectó a la relación (C/N), mientras que los tiempos de aireación no afectaron a esta relación. Entre todos los caudales de aire y tiempos de aireación, las condiciones de 50 L/min y 2 horas de aireación garantizaron la obtención de un buen abono orgánico, con un consumo energético mínimo.

Mohee & Mudhoo en el trabajo titulado "Analysis of the physical properties of an in-vessel composting matrix" [4], determinaron correlaciones entre un conjunto seleccionado de propiedades físicas de una matriz de compostaje por lotes consistente en una mezcla de virutas de madera, estiércol de pollo y vegetales verdes mezclados en un tambor giratorio de 200 L. Se realizaron mediciones diarias en las muestras sólidas de la temperatura, el pH, los sólidos volátiles, la densidad aparente, el contenido de humedad, el aire vacío y la densidad de los sustratos particulados.

Los resultados del seguimiento del proceso de compostaje fueron una notable disminución del espacio libre de aire al final del proceso, una variación de la densidad media de las partículas del material de compostaje y un aumento de la densidad húmeda. El espacio libre de aire varía linealmente con la densidad aparente seca y húmeda. También se pretendía demostrar la complejidad del proceso global mostrando en el análisis los numerosos cambios que se producen en las propiedades físicas durante el proceso de degradación biológica.

En la investigación "Air-filled porosity and permeability relationships during solid-state fermentation", desarrollada por Richard, Veeken, de Wilde & Hamelers [5], se construyó un aparato experimental para medir los parámetros estructurales de los medios orgánicos porosos (resistencia mecánica, porosidad al aire, permeabilidad al aire y tamaño de partícula de Ergun), fundamentales para la ingeniería de sistemas de bioconversión aeróbica. Se realizaron mediciones de una mezcla de paja y estiércol de cerdo, antes y después de 13 días de compostaje enfardado, midiendo la porosidad con un picnómetro, a cuatro y cinco niveles de humedad, ensayando con cada nivel un amplio rango de densidades diferentes. Midiendo la densidad aparente, la humedad y el contenido de materia orgánica, se predijo con precisión la porosidad llena de aire. Los resultados de esta investigación amplían la teoría de los medios porosos a matrices orgánicas comunes de fermentación en estado sólido, ayudando a construir un marco para el diseño de ingeniería cuantitativo y mecanicista.

Ahn, Richard & Glanville [6] estudiaron los parámetros físicos para una amplia variedad de materiales de cobertura potenciales en el compostaje de mortalidad, desarrollando una relación general sobre las características del flujo de aire (porosidad y permeabilidad llenas de aire) para diferentes contenidos de humedad y grados de compactación, en la investigación denominada "Determinación en laboratorio de los parámetros físicos del compost para el modelado de las características del flujo de aire". Los parámetros analizados en este estudio incluían propiedades físicas: contenido de humedad, capacidad de retención de agua, densidad aparente, porosidad llena de aire, permeabilidad, tamaño de partícula y resistencia mecánica.

La porosidad en aire predicha mostró una alta correlación con la porosidad en aire medida, facilitando el desarrollo de un modelo de porosidad para predecir el efecto de la variación del contenido de humedad y de la altura del lecho de compost sobre la porosidad en aire y la permeabilidad.

Los autores determinaron que, para el flujo de aire laminar, la permeabilidad se obtiene a partir de la ecuación de Darcy. Para el flujo no laminar, la caída de presión para una velocidad de flujo de aire determinada puede predecirse mediante la relación Dupuit Forcheimer, que incluye un término de primer orden que define las fuerzas viscosas y un término de segundo orden que incorpora las fuerzas de inercia. La determinación de la porosidad llena de aire se realizó directamente durante el proceso de compostaje mediante picnómetro de aire.

Según los autores de "Air filled porosity measurements by air pycnometer in the composting process: A review and a correlation analysis", Ruggieri, Gea, Artola & Sánchez [7], la porosidad rellena de aire (PCA) se presenta como la mejor medida para determinar la porosidad disponible en un material de compostaje o en matrices orgánicas. Señalan que, dentro de las metodologías y aproximaciones teóricas o empíricas desarrolladas para estimar la PFA, el picnómetro de llenado de aire se considera la técnica más adecuada y precisa.

La investigación explica en detalle las metodologías publicadas para determinar la PFA mediante picnómetro de aire, discutiendo sus principales ventajas e inconvenientes. Muestras de diversos residuos orgánicos y mezclas destinadas a compostaje fueron caracterizadas por picnómetro de aire, comparando los resultados en términos de precisión con los reportados en la literatura. Estos resultados en términos de precisión, con los propuestos por la literatura. Estos resultados muestran que las correlaciones teóricas son adecuadas para la estimación de la PFA en la mayoría de los residuos orgánicos estudiados. Sin embargo, las muestras de residuos necesitan una determinación experimental para obtener un valor realista de AFP.

Olivares, Barbosa, Roca & Brossard [8] afirman en su trabajo "Approximated empirical correlations to the characterization of physical and geometrical properties of solid particulate biomass: case studies of the elephant grass and sugar cane trash", que la literatura no proporciona suficiente información sobre las propiedades físicas y geométricas de los materiales lignocelulósicos para evaluar su uso como materia prima en el proceso de pirólisis rápida y gasificación, que se realiza comúnmente en reactores de lecho fluidizado empacado, para producir carbón vegetal, biocombustibles líquidos, gas de síntesis y etanol a través de procesos de hidrólisis, entre otras aplicaciones.

En esta investigación se estudiaron en laboratorio dos tipos de partículas sólidas de biomasa, la hierba de elefante y el residuo de caña de azúcar, para obtener información sobre diversas propiedades físicas y gcométricas. Se adoptó un modelo geométrico de prisma de base rectangular y se midieron manualmente la longitud, la anchura y el espesor de cincuenta partículas seleccionadas al azar de cada clase de tamaño, obtenidas por fraccionamiento mecánico a través de tamices. A partir de estos valores medios, se calcularon las medidas de otras propiedades, por ejemplo, la dimensión característica de la partícula, el área proyectada, el área transversal y el volumen del prisma rectangular, los factores de forma, la esfericidad, la superficie específica de la partícula y el diámetro equivalente.

Se llevó a cabo un análisis estadístico, proponiendo modelos matemáticos empíricos y semiempíricos de correlación obtenidos por regresión lineal, que muestran una bondad de ajuste de estas ecuaciones a los datos experimentales reportados, como la densidad real y aparente de las partículas obtenidas mediante una técnica de porosímetro de intrusión de mercurio (ASTM D 4404-84 (1998), método de ensayo para la determinación del volumen de poros y la distribución del volumen de poros de suelos y rocas).

El método de Ergun es empleado por Olivares, Roca, Glauco & Barbosa [9] en el trabajo titulado "Caracterización del bagazo de caña de azúcar. Parte I: Características Físicas". A partir de esta expresión (basada en ecuaciones teóricas establecidas para un lecho fijo de partículas porosas al ser atravesado por un flujo de gas) y de mediciones de pérdida de carga para un flujo de gas dado que atraviesa el lecho a diferentes alturas, es posible determinar algunas características físicas, como la densidad aparente, la densidad real, la porosidad, la esfericidad y la superficie específica de las partículas del lecho.

La técnica utilizada para obtener los datos experimentales es sencilla pero rigurosa y es posible reproducir estos datos. Se evaluaron varias fracciones de bagazo obtenidas mediante el proceso de tamizado convencional. Por último, todos los resultados experimentales se procesan estadísticamente mediante la obtención de los correspondientes modelos matemáticos para las propiedades deseadas en función del diámetro medio de las partículas. Estas ecuaciones empíricas se pueden utilizar para determinar estas propiedades en el rango y las condiciones especificadas y también para modelizar algunos procesos en los que se emplean estas fracciones.

Wu & Yin [10] desarrollaron un modelo de micromecanismo de medios porosos durante la investigación denominada "A Micro-Mechanism Model for Porous Media", basado en el modelo de canal expansivo para la tortuosidad. El modelo propuesto se expresa en función de la tortuosidad, la porosidad, el coeficiente de arrastre y las propiedades del fluido. Todos los parámetros del modelo propuesto tienen un significado físico claro. Los resultados muestran que las predicciones del modelo coinciden con las de los datos experimentales existentes.

Robert K. Niven [11], realiza una investigación titulada "Physical insight into the Ergun and Wen & Yu equations for fluid flow in packed and fluidised beds", cuyo objetivo es proporcionar un significado físico de las constantes de forma de la ecuación de Ergun más usual para la descripción del flujo a través de lechos empaquetados de partículas sólidas (lecho fijo) y lechos fluidizados, desde el punto de vista de los principios de la mecánica de fluidos. Para ello, el autor realiza un análisis dimensional alternativo, mediante el teorema Pi de Buckingham, considerando un modelo de la estructura de poros.

En esta investigación se llega a la conclusión de que la ecuación de Ergun para la pérdida de presión durante el flujo a través de un lecho empacado puede representarse simplemente como una función de un número de Reynolds intersticial modificado y un número de Galileo modificado, ambos basados en una dimensión característica de los huecos en el medio poroso. El resultado es una ecuación en forma adimensional simple, que refleja más adecuadamente las leyes físicas fundamentales que las formas presentadas anteriormente.

Los análisis subrayan la importancia de realizar análisis dimensionales utilizando parámetros físicos (como escalas de longitud y velocidades) que reflejen los principios fundamentales de los procesos físicos del problema en cuestión.

2.2 Definición de términos básicos

*   **Material lignocelulósico**: El material lignocelulósico se encuentra en la biomasa vegetal y permite fabricar productos sostenibles y respetuosos con el medio ambiente.

*   **Lecho**: Consiste en una columna formada por partículas sólidas, a través de la cual pasa un fluido (líquido o gas), que puede liberarse de algunas impurezas y sufre una caída de presión.

*   **Lecho fijo**: Es cuando las partículas permiten el paso tortuoso del fluido sin separarse unas de otras, esto hace que la altura del lecho se mantenga constante y por tanto la fracción vacía en el lecho (porosidad) se mantenga constante. En esta etapa el fluido experimenta las mayores caídas de presión del proceso.

*   **Biorreactor**: Recipiente o sistema que mantiene un entorno biológicamente activo. En algunos casos, un biorreactor es un recipiente en el que se lleva a cabo un proceso químico en el que intervienen organismos o sustancias bioquímicamente activas derivadas de dichos organismos. Este proceso puede ser aeróbico o anaeróbico. Los biorreactores suelen ser cilíndricos.

*   **Caudal**: Cantidad de fluido que pasa en una unidad de tiempo.

*   **Rotámetro**: Instrumento utilizado para medir caudales tanto de líquidos como de gases que trabajan con una caída de presión constante.

*   **Manómetro en forma de U**: Instrumento utilizado para medir la presión, la forma más tradicional de medir la presión con precisión utiliza un tubo de vidrio en forma de "U", donde se deposita una cantidad de líquido de densidad conocida.

2.3 Bases teóricas

2.3.1 Medio o estructura porosa

Un medio poroso se define como un sólido o un conglomerado de partículas sólidas, con suficiente espacio libre o vacío en o alrededor de las partículas para permitir que un fluido pase a través o alrededor de ellas [12].

Un medio poroso puede definirse como consolidado o no consolidado. Se dice que un medio poroso está consolidado cuando consiste en un sólido continuo con poros, como un ladrillo o un bloque de arenisca. En este caso, los poros pueden estar desconectados, es decir, formados por celdas cerradas y son impermeables, o conectados por canales o celdas abiertas y son permeables. Un medio poroso es no consolidado cuando está constituido por una colección o pila de partículas sólidas en un lecho de relleno, fácilmente separables, donde el fluido puede pasar a través de los espacios vacíos entre las partículas [12].

Un medio poroso puede definirse como consolidado o no consolidado. Se dice que un medio poroso está consolidado cuando consiste en un sólido continuo con poros, como un ladrillo o un bloque de arenisca. En este caso, los poros pueden estar desconectados, es decir, formados por celdas cerradas y son impermeables, o conectados por canales o celdas abiertas y son permeables. Un medio poroso es no consolidado cuando está constituido por una colección o pila de partículas sólidas en un lecho de relleno, fácilmente separables, donde el fluido puede pasar a través de los espacios vacíos entre las partículas [12].

Cualquiera de estos conceptos puede utilizarse, dependiendo del medio específico considerado, y ambos se han utilizado como base para el desarrollo de ecuaciones que describen el comportamiento del flujo de fluidos dentro del medio.

El poro o espacio poroso no suele tener una geometría regular o bien definida, pero podemos decir que está formado por el cuerpo y el cuello o canal del poro [12]. Dada la aleatoriedad de las formas y tamaños de las partículas sólidas de un medio poroso y del propio poro, obtener una descripción a nivel microscópico o de la estructura del poro es complejo y a veces poco práctico, por lo que es conveniente obtener una descripción macroscópica que represente los valores medios de la muestra.

Entre los parámetros macroscópicos más importantes que caracterizan un medio poroso se encuentran la porosidad, la permeabilidad, la tortuosidad y el área específica.

2.3.2 Porosidad

Macroscópicamente, una estructura porosa se caracteriza por la porosidad o fracción de espacio vacío ε o, que se define como la relación o cociente entre el volumen del espacio vacío y el volumen total del sólido:

$$\varepsilon = \frac{V_V}{V_t}$$

(1)

Si el medio poroso es no consolidado, podemos definir la porosidad en función de la densidad aparente ρ_a y de la densidad sólida ρ_s con esta ecuación:

$$\varepsilon = \frac{V_V}{V_L} = \frac{V_L - V_s}{V_L} = 1 - \frac{V_s}{V_L} = 1 - \frac{\rho_a}{\rho_s}$$

(2)

donde es el volumen vacío V_V y es el volumen del lecho V_L y V_s es el volumen ocupado por el sólido.

Existen varios métodos experimentales para medir la porosidad divididos en las siguientes categorías. [12]:

- **Método directo.**
  Consiste en medir el volumen total de una muestra del material y, eliminando de alguna manera los poros, medir el volumen del sólido y calcular la diferencia.

- **Método óptico.**
  Se basa en impregnar la muestra con un material que haga visibles los poros, como cera o queroseno. Posteriormente, se corta una sección transversal de la muestra impregnada y se miden los poros visualmente o con instrumentos ópticos. Esto se debe a que la

distribución de los poros es aleatoria, y una sección plana será igual en todo el material.

- **Método de inhibición.**

Se basa en la inmersión de una muestra conocida del material poroso en un fluido humectante al vacío durante un tiempo suficientemente largo para que el fluido empape los poros. La muestra se pesa antes y después de la inmersión. Estos dos pesos, junto con la densidad del fluido, permiten calcular el volumen de los poros. Este método, realizado con cuidado, da el mejor valor de la porosidad.

- **Método de inyección de mercurio.**

El volumen bruto de una muestra puede determinarse sumergiendo una muestra en mercurio. Dado que la mayoría de los materiales no se humedecen con el mercurio, la presión hidrostática de una cámara que contiene la muestra con mercurio aumenta hasta valores elevados, y el mercurio penetra en el espacio poroso mientras la presión siga siendo alta. El volumen de mercurio restante permite calcular el volumen de los poros.

- **Método de expansión de gas.**

En este caso, la muestra se introduce en un recipiente de volumen conocido V_a , bajo una presión de gas conocida P_1 y se conecta mediante una válvula a un recipiente de evacuación también de volumen conocido V_b . Cuando se abre la válvula, el gas se expande dentro del recipiente de evacuación y la presión del gas disminuye P_2 . El volumen efectivo de los poros puede calcularse a partir de las leyes de los gases ideales (Boyle - Mariotte):

$$V_V = V_T - V_a - V_b \left[\frac{P_2}{\left(P_2 - P_1 \right)} \right]$$

(3)

Donde V_V es el volumen de poro o volumen vacío y V_T es el volumen de la muestra.

- **Método de densidad.**

Este método depende de la determinación de la densidad aparente de la muestra ρ_a y del sólido en la muestra ρ_s , basándose en el hecho de que la masa total de sólido está totalmente contenida en la muestra:

$$m = \rho_s V_s = \rho_a V_T \tag{4}$$

De la definición de porosidad:

$$\varepsilon = \frac{V_V}{V_L} = \frac{V_L - V_s}{V_L} = 1 - \frac{V_s}{V_L} \quad \Rightarrow \quad \varepsilon = 1 - \frac{\rho_a}{\rho_s}$$

(5)

2.3.3 Permeabilidad

Representa la capacidad de un medio poroso para permitir el paso de un fluido a través de él. Es el término utilizado para definir la conductividad de un medio poroso con respecto a la permeación de un fluido newtoniano denominada permeabilidad específica k , que depende únicamente de la estructura de los poros y es independiente de las propiedades del fluido y del mecanismo de flujo.

La unidad de medida de la permeabilidad es m^2 . Una unidad práctica de medida de la permeabilidad es el darcy. Un medio poroso tiene una permeabilidad igual a un darcy = 0,987 μm^2 , cuando una diferencia de presión de una atmósfera produce una velocidad de flujo volumétrico de 1 cm^3 /s de un fluido con una viscosidad de 1 cP a través de un cubo de 1 cm de lado [13]:

$$1 \ darcy = \frac{1\left(cm^3 / s\right)1cP}{1cm^2 \cdot 1\left(atm / cm\right)} \tag{6}$$

Para materiales muy compactos se utiliza el milidarcy= 0,001darcy.

Permeabilidad k se define en términos de la Ley de Darcy, publicada en 1856 y que establece que la velocidad de flujo de un fluido a través de una estructura porosa es directamente proporcional al gradiente de presión que provoca el flujo:

$$v = -\frac{\kappa}{\mu}\left(\frac{dP}{dx}\right) \Rightarrow Q = -\frac{kA}{\mu}\left(\frac{\Delta P}{L}\right)$$

(7)

Donde $\frac{\Delta P}{L}$ es la caída de presión a través de la longitud de la muestra, es el coeficiente de permeabilidad y es la velocidad superficial del gas:

$$v = \frac{Q}{A}$$

(8)

Aquí Q es el caudal o velocidad volumétrica de flujo del fluido y es el área transversal A de la cámara que contiene el lecho. La aplicación de la ecuación de Darcy se limita al flujo viscoso en el que la velocidad del fluido es lo suficientemente baja como para que no haya efectos inerciales.

Dupuit y Forchheimer son los primeros en sugerir una relación no lineal entre la pérdida de presión y la velocidad del fluido en flujos de alta velocidad:

$$-\frac{dP}{dx} = \frac{\mu}{\kappa}v + \frac{\rho_a}{\eta}v^2$$

(9)

La ecuación de Forchheimer se basa en la ecuación de Darcy con la adición de un segundo término para tener en cuenta los efectos inerciales locales, como los cambios de dirección y las fuerzas de arrastre.

Las ecuaciones de Darcy y Forchheimer se fundamentan en una base teórica y se han aplicado con éxito a una amplia gama de materiales. Sin embargo, se ha trabajado mucho para incluir propiedades específicas de los materiales en estas ecuaciones. Las influencias de estos factores en la permeabilidad no son tan elementales para establecer la velocidad con mayor precisión, pero no por ello son menos importantes.

Los fluidos que afectan al gradiente de presión son la viscosidad y la densidad del fluido. Los factores más importantes en la discusión de la pérdida de presión tienen que ver con las propiedades del medio poroso: 1) porosidad y tamaño de los poros y 2) tamaño y forma de las partículas.

Como ya se ha considerado, la porosidad puede definirse mediante:

$$\varepsilon = 1 - \frac{\rho_a}{\rho_s} \tag{10}$$

La densidad aparente de un material o cuerpo es la relación entre la masa del material y el volumen que ocupa, incluidos los huecos y poros que contiene, aparentes o no. Influye en propiedades mecánicas como la porosidad y la resistencia a la compactación. Un material con baja densidad aparente indica que es muy poroso. Se define como la relación entre la masa del sólido M_s y el volumen total de la muestra:

$$\rho_a = \frac{M_s}{V_t} \tag{11}$$

El peso de los sólidos de la muestra, con respecto al volumen que ocupan sin considerar ningún espacio poroso, se define como la densidad de partículas o densidad específica. De acuerdo con las relaciones de masa y volumen se define entonces como:

$$\rho_s = \frac{M_s}{V_s} \tag{12}$$

En el caso de las partículas sólidas, existe una gran variedad de pruebas para medir la densidad de las partículas, como el método de inmersión en hexano, que incluye un picnómetro de comparación de aire y un tubo de densidad.

2.3.4 Método o ecuación de Ergun

Es bien sabido que las pérdidas de carga o el gradiente de presión durante el flujo de un fluido a través de un medio poroso, como un lecho empacado o un material granular, viene dado por ecuaciones de la forma:

$$-\frac{dP}{dx} = \alpha v + \beta v^2 \quad \Rightarrow \quad \frac{\Delta P}{L} = av + bv^2 \tag{13}$$

donde los términos de la derecha corresponden a las pérdidas viscosas y a las pérdidas inerciales, respectivamente.

La más utilizada de estas ecuaciones es la de Ergun, que considera dos factores relacionados con el medio poroso, la porosidad ε y el diámetro de las partículas d_p, y dos factores relacionados con el fluido, la densidad ρ y la viscosidad μ.

La forma más general de la ecuación de Ergun viene dada por:

$$\frac{\Delta P}{L} = A \frac{\mu (1-\varepsilon)^2 v}{d_p^{\,2} \varepsilon^3} + B \frac{\rho (1-\varepsilon) v^2}{d_p \varepsilon^3} \tag{14}$$

El modelo Ergun asume varias condiciones y se basa, como otros métodos, en la estimación de la fricción del fluido sobre las superficies sólidas, que forman canales tortuosos en el lecho. Los canales pueden compararse a un conjunto de tuberías paralelas con secciones transversales variables. Con este fin, se supone un radio hidráulico medio de los canales para considerar las diferentes secciones transversales y la forma de los canales. No hay canalización en el lecho. Es decir, el fluido no sigue una trayectoria preferente a través del lecho [14].

El diámetro y la altura del lecho son grandes en comparación con el diámetro de las partículas individuales. El número de partículas a la entrada del lecho y cerca de la pared es escaso en relación con el número de partículas del lecho.

Ergun supone que las fuerzas de fricción de pared o viscosas F_v y las fuerzas de inercia o de forma F_i son aditivas. Es decir, la fuerza de arrastre F_D por unidad de área de flujo A_s viene dada por:

$$\frac{F_D}{A_s} = \frac{F_v}{A_s} + \frac{F_i}{A_s} = \left(\frac{A\mu v_i}{r_h} + B\rho v_i^2 \right) \Rightarrow F_D = A_s \left(\frac{A\mu v_i}{r_h} + B\rho v_i^2 \right) \tag{15}$$

Donde v_i es la velocidad intersticial o velocidad media a través de los canales del lecho, ρ y μ son la densidad y viscosidad del fluido respectivamente.

El área total de flujo A_s viene dada por el producto del número de partículas en el lecho y el área superficial de una partícula sólida s_p donde:

$$A_s = N_p s_p \tag{16}$$

El número de partículas se calcula mediante la ecuación:

$$N_p = \frac{S_0 L (1-\varepsilon)}{V_p} \tag{17}$$

Donde $S_0 L (1-\varepsilon)$ representa el volumen total de sólidos, V_p es el volumen de una partícula, S_0 es la sección de la torre vacía y L es la altura del lecho. Por tanto:

$$A_s = \frac{S_0 L (1-\varepsilon) s_p}{V_p} \tag{18}$$

Al igual que en el cálculo de secciones no circulares, se introduce el radio hidráulico Hr para considerar las distintas formas de los canales en el lecho, definido como la relación entre la sección transversal del conducto y el perímetro mojado dado por:

$$Hr = \frac{So}{Wp}$$

(19)

Multiplicando el numerador y el denominador por $L\varepsilon$, se convierte en la relación entre el volumen total de huecos y el área total de sólidos:

$$Hr = \frac{SoL\varepsilon}{As} \Rightarrow \qquad Hr = \frac{\varepsilon Vp}{(1-\varepsilon)Sp}$$

(20)

Se define $v = v_i\varepsilon$ como la velocidad de superficie o la velocidad a la entrada de la torre.

Sustituyendo:

$$F_D = A_s\left(\frac{A\mu v_i}{r_h} + B\rho v_i^2\right)$$

(21)

se deduce que:

$$F_D = \frac{S_0 L(1-\varepsilon)s_p}{\varepsilon^2 V_p}\left(\frac{A\mu v(1-\varepsilon)s_p}{V_p\rho} + Bv^2\right)$$

(22)

La caída de presión del lecho se define como:

$$\Delta P = \frac{F_D}{\varepsilon S_0}$$

(23)

Sustituyendo obtenemos:

$$\frac{\Delta P}{L} = \frac{(1-\varepsilon)s_p}{\varepsilon^3 V_p}\left(\frac{A\mu v(1-\varepsilon)s_p}{V_p} + B\rho v^2\right)$$

(24)

Los materiales granulares rara vez son monomixtos en tamaño y esféricos en forma, lo que representa el caso ideal. El tamaño y la forma de las partículas son los principales factores que influyen en la permeabilidad y pueden ser bastante difíciles de definir y subjetivos en el caso de formas más complejas, lo que no ocurre con las partículas esféricas. Un término utilizado con frecuencia es el de esfericidad o factor de forma φ . Se define como el factor de semejanza con la geometría de una esfera:

$$\varphi = (Surface\ of\ a\ sphere | Surface\ of\ the\ particle) of\ equal\ volume$$
(25)

Definimos un tamaño de partícula equivalente, denominado diámetro de partícula equivalente d_p , como el diámetro de una esfera de volumen igual al volumen de la partícula.

Definimos el área específica de una partícula:

$$a_v = \frac{S_p}{V_p} \; \left[\text{m}^{-1} \right]$$
(26)

El volumen de una esfera es:

$$V_{esf} = \frac{4}{3}\pi R^3 = \frac{4}{3}\pi \left(\frac{D}{2} \right)^3 = \frac{\pi D^3}{6}$$
(27)

y la superficie de la esfera es

$$S_{esf} = \pi D^2$$
(28)

Así, para una partícula esférica, el área específica viene dada por:

$$a_v = \frac{S_{esf}}{V_{esf}} = \frac{\pi D^2}{\frac{\pi}{6}D^3} = \frac{6}{D} \; \text{m}^{-1}$$
(29)

Donde D es el diámetro de la esfera.

Dado que la esfericidad φ o factor de forma de una partícula es la relación entre la superficie de la esfera S_{esf} to la superficie de la partícula S_p, de igual volumen, si, $D = d_p$ es el diámetro de una esfera de igual volumen al volumen de una partícula irregular:

$$a_{Vesf} = \frac{S_{esf}}{V_{esf}} = \frac{\pi d_p{}^2}{\frac{\pi}{6} d_p{}^3} = \frac{6}{d_p} \ \mathrm{m}^{-1} \tag{30}$$

$$\varphi = \frac{a_{Vesf}}{a_v} = \frac{\dfrac{S_{esf}}{V_{esf}}}{\dfrac{S_p}{V_p}} = \frac{\dfrac{6}{d_e}}{\dfrac{S_p}{V_p}} \quad \Rightarrow \quad \frac{S_p}{V_p} = \frac{6}{\varphi d_p} \tag{31}$$

Se deduce que para una partícula irregular:

$$\frac{s_p}{V_p} = \frac{6}{\varphi d_p} \tag{32}$$

El tamaño o diámetro equivalente de las partículas d_p se obtiene del siguiente modo: 1) para las esferas, su tamaño viene dado directamente por su diámetro; 2) para otras geometrías, para partículas grandes $(>1\,\mathrm{mm})$, se determina el tamaño:

- Se pesa un número determinado de partículas y, mediante su densidad, se determina el diámetro equivalente de las partículas.

- El volumen desplazado de un fluido en un cilindro se determina introduciendo un número conocido de partículas no porosas.

- Se mide directamente con un Vernier o micrómetro.

Para mezclas irregulares de tamaños intermedios, el análisis por tamiz es la forma más conveniente de medir el tamaño o diámetro de las partículas [15].

Se define un tamaño medio del tamiz:

$$d_{tam} = \frac{1}{\sum\left(\dfrac{x_i}{d_i}\right)} \tag{33}$$

Donde d_i son las dimensiones medias de malla entre la retenida y la pasada y x_i es la fracción de peso restante. Tomando $d_p = d_{tam} \Rightarrow$ $d = \varphi d_{tam}$

La ecuación se eliminó $\dfrac{S_p}{V_p}$ y se reordenó:

$$\frac{\Delta P}{L}\frac{\varphi d_p}{\mu v^2}\frac{\varepsilon^3}{(1-\varepsilon)} = \left(A\frac{\mu(1-\varepsilon)}{\rho v d_p \varphi} + B \right) \tag{34}$$

El Número de Reynolds de la partícula o lecho se define de la siguiente manera:

$$N_{\mathrm{Re}\,p} = \frac{\rho v d_p \varphi}{\mu(1-\varepsilon)} \tag{35}$$

y el factor de fricción del lecho:

$$f_p = \frac{\Delta P}{L}\frac{\varphi d_p}{\rho v^2}\frac{\varepsilon^3}{(1-\varepsilon)} \qquad f_p = \frac{A}{\mathrm{Re}_p} + B \tag{36}$$

que es la forma adimensional de la ecuación de Ergun, y que permite obtener experimentalmente el valor de las constantes A y B.

Los valores obtenidos por Ergun conducen a la ecuación:

$$f_p = \frac{150}{\mathrm{Re}_p} + 1,75 \quad \Rightarrow \quad \frac{\Delta P}{L} = \frac{150\mu}{\varphi^2 d_p^{\,2}} \frac{(1-\varepsilon)^2}{\varepsilon^3} v + \frac{1,75\rho}{\varphi d_p} \frac{(1-\varepsilon)}{\varepsilon^3} v^2$$

(37)

Para un Reynolds de partículas bajo, el segundo término puede despreciarse dejando la expresión:

$$\frac{\Delta P \varphi^2 d_p^{\,2} \varepsilon^3}{\mu L (1-\varepsilon)^2 v} = 150$$

(38)

que se denomina ecuación de Kozeny-Carman.

Para Reynolds altos, el primer término del segundo miembro desaparece ya que las fuerzas viscosas son despreciables y se obtiene la expresión:

$$\frac{\Delta P \varphi d_p \varepsilon^3}{\rho L (1-\varepsilon)^2 v^2} = 1,75$$

(39)

que se conoce como la ecuación de Blake-Plummer.

El aspecto controvertido de la ecuación de Ergun es la determinación de las constantes, a las que se ha asignado una amplia gama de valores a partir de la correlación de muchos experimentos con diversos materiales y fluidos. Por otra parte, se ha demostrado que, incluso en regímenes de flujo bajos, existen pérdidas por fricción debidas a la forma (inercial).

2.3.5 Análisis dimensional

El análisis dimensional es una herramienta conceptual ampliamente utilizada en física, química e ingeniería para la comprensión de fenómenos en los que intervienen diferentes magnitudes. Asimismo, se utiliza para la verificación de resultados de cálculo mediante ecuaciones, escalado a partir de modelos y en la construcción de hipótesis sobre sistemas que deben ser descritos experimentalmente [16].

Hay muchos fenómenos físicos, como algunos de la dinámica de flujos, para los que no existe una solución analítica directa, incluso cuando se conocen todas las variables que intervienen en el sistema, pero se desconoce la relación entre ellas. En estos casos se recurre al análisis experimental, que suele implicar un trabajo de laboratorio que suele ser demasiado largo y tedioso, cuando no imposible en algunos casos. Así, por ejemplo, si en el análisis de un fenómeno físico se determina que intervienen cinco magnitudes diferentes y que una de las variables depende de las otras cuatro mediante una relación funcional que se desconoce, si realizamos diez mediciones por cada relación (estadísticamente recomendable) entre dos variables, manteniendo fijas las restantes, tendremos que realizar 10.000 mediciones.

En este caso, es conveniente agrupar las variables o magnitudes que intervienen en el proceso en grupos adimensionales de magnitudes o parámetros adimensionales y formular el problema en términos de la relación funcional entre estos parámetros, que deben determinarse experimentalmente.

2.3.6 Teorema π(pi) de Buckingham

Como es sabido, las magnitudes físicas, que podemos representar en la forma [U] , pueden definirse a partir de un conjunto mínimo m de magnitudes básicas linealmente independientes, que denominamos Sistema de Magnitudes Fundamentales $[B_1, B_2, ..., B_m]$, a partir del cual pueden derivarse el resto de magnitudes que intervienen en la descripción de un fenómeno.

Así, por ejemplo, para la mecánica, el sistema definido $[M, L, t, T]$ por (Masa, Longitud, Tiempo, Temperatura), nos permite definir las cantidades Velocidad:

$$[V] = [L] \cdot [t]^{-1} = \frac{[L]}{[t]}$$

(40)

y densidad:

$$[\rho] = [M] \cdot [L]^{-3}$$

(41)

o simplemente:

$$V = Lt^{-1} \qquad\qquad y\ \rho = \frac{M}{L^3} \qquad 42)$$

El Teorema π de Buckingham establece que, si un sistema está definido por una ecuación de la forma:

$$f\left(U_1, U_2, ..., U_k\right) = 0 \tag{43}$$

de magnitudes físicas k ,que pueden expresarse con respecto a magnitudes básicas m , entonces existen parámetros $k-m$ o magnitudes adimensionales Π_i con: $i = 1...(k-m)$ tales que:

$$\phi\left(\Pi_1, \Pi_2, ..., \Pi_{(k-m)}\right) = 0 \tag{44}$$

donde el:

$$\Pi_i = U_1^{\alpha_1}, U_2^{\alpha_2}....U_k^{\alpha_k} \tag{45}$$

Así, existen varios métodos para la elección de grupos adimensionales o parámetros que pueden definirse en la descripción de un problema [17]:

- Método algebraico
- Método del cociente dimensional
- Método de variables repetidas.

En general, se recomienda el uso del método de variables repetidas para la construcción de grupos adimensionales. Es rápido, fácil de aplicar y ofrece la ventaja de utilizar un procedimiento establecido con menos posibilidades de error.

A continuación se describe el procedimiento necesario:

1) Enumere todos los parámetros físicos o variables que intervienen en el fenómeno (incluidas las constantes dimensionales o adimensionales). Asigne una como variable dependiente y exprese una relación entre esta variable y las demás en la forma $U_1 = f(U_2, U_2, ..., U_k)$ donde k es el número de variables implicadas, incluida la variable dependiente.

2) Representar cada una de las variables en términos de sus dimensiones básicas y, preferiblemente, construir una tabla de dimensiones básicas.

3) Determinar el número requerido de grupos adimensionales o parámetros π, que viene dado por el teorema π como: $n = (k - m)$.

4) Seleccione un número r de variables independientes que sirvan como variables de repetición, asegurándose de que se incluyen todas las dimensiones de base. Para ello, elija de la lista aquellas que puedan combinarse con las restantes para formar grupos dimensionales. Normalmente son los formados por las dimensiones básicas en potencias distintas de la unidad. Cada variable repetitiva debe ser dimensionalmente independiente de las demás, lo que indica que las variables repetitivas no pueden formar parámetros adimensionales entre sí.

5) Formar un término, π multiplicando la variable que se considera dependiente en el problema que debe estar en el grupo de las restantes variables no repetitivas, por el producto de las variables repetitivas, cada una elevada a un exponente que haga adimensional la combinación.

6) Se repite el proceso para el resto de variables no adimensionales, obteniendo tantos grupos como se hayan determinado en el paso 3. Cada grupo adimensional debe ser de la forma: $U_i \cdot U_1^{\alpha_1} U_2^{\alpha_2} ... U_r^{\alpha_i}$.

7) Compruebe que todos los grupos Π son adimensionales.

8) Exprese la forma final como la cantidad que relaciona los términos π y piense en su significado. Esta forma puede escribirse como: $\Pi_1 = \phi(\Pi_2, \Pi_3, ..., \Pi_{(k-m)})$ donde Π_1 es el término que contiene la variable dependiente en el numerador [17].

2.3.7 Fermentación en estado sólido (SSF)

La fermentación en estado sólido (SSF) se basa en el crecimiento de microorganismos en sustratos sólidos húmedos en ausencia de agua libre. En este sistema, el agua está presente en el sustrato, cuya capacidad de retención de líquido varía en función del tipo de material [18].

Viniegra-González formuló la definición más general de FES [19], quien la describe como un proceso microbiológico que ocurre comúnmente en la superficie de materiales sólidos con capacidad de absorber y retener agua, ya sea con o sin nutrientes solubles. Por esta razón, es un proceso donde el sólido presenta una baja actividad de agua (aw), lo que influye en aspectos fisiológicos de los microorganismos como el tipo de crecimiento, esporulación y germinación de esporas, además de la producción de metabolitos y enzimas, así como su actividad.

La FES es una técnica enfocada a la producción de alimentos, enzimas hidrolíticas, ácidos orgánicos, aromas y biopesticidas. Para la obtención de estos productos se utilizan residuos agroindustriales como sustratos sólidos, lo que resulta de gran interés ya que, por un lado, se obtienen productos de interés industrial y, por otro, se resuelven problemas de deposición de residuos sólidos. De esta forma, sustratos de bajo coste, como residuos hortofrutícolas, cortezas de árboles, cáscaras de frutos secos, salvado de trigo, cáscaras de café o bagazo de caña de azúcar, pueden ser utilizados para producir etanol. Con ellos se puede producir etanol, enzimas, ácidos orgánicos, aminoácidos y metabolitos secundarios biológicamente activos.

2.3.8 Estudio de los parámetros del FES

El estudio de parámetros como temperatura, aireación, humedad, tamaño de partícula, diseño del reactor, entre otros, es fundamental para el éxito de la FES porque de ellos depende el crecimiento del microorganismo y la formación del producto final [20].

- **Temperatura:**

Es uno de los parámetros ambientales que más influyen en la tasa de crecimiento de los microorganismos.

Según la gama de temperaturas a las que pueden crecer los microorganismos, pueden establecerse tres grupos principales:
- Psicrófilas o criófilas (temperatura mínima de crecimiento entre -5 y 5°C),

- Mesófilos (temperatura óptima de crecimiento entre 25 y 40ºC y máxima entre 35 y 47ºC).
- Termófilos (temperatura óptima entre 50 y 75ºC y máxima entre 80 y 113ºC).

Por lo tanto, el diseño del reactor, y en particular de los biorreactores FES, debe tener en cuenta este rango óptimo.

Durante la fermentación en estado sólido se genera una gran cantidad de calor, que es directamente proporcional a la actividad metabólica de los microorganismos. Los sustratos utilizados para la fermentación en estado sólido tienen bajas conductividades térmicas, lo que provoca que la eliminación de calor sea un proceso muy lento, produciéndose gradientes de temperatura en el interior del sólido. Este hecho, unido a los bajos contenidos de humedad presentes en los FES, dificulta la transferencia de calor.

En algunos casos, la temperatura del lecho puede elevarse hasta 20°C por encima de la temperatura de fermentación. Aunque puede ser deseable en el caso del compostaje, es negativo para los procesos biotecnológicos, ya que afecta al crecimiento de los microorganismos, la producción de esporas y la germinación, o incluso provoca la desnaturalización de los productos formados.

La eliminación del calor es uno de los principales problemas en los procesos de FES a gran escala. La implantación de sistemas de convección forzada o refrigeración puede no ser suficiente para disipar el calor metabólico generado, lo que da lugar a gradientes de temperatura significativos. Sólo los sistemas de refrigeración por evaporación tienen suficiente capacidad de eliminación de calor, ya que la evaporación del agua es el proceso más eficaz para el control de la temperatura.

Sin embargo, esto requiere altas tasas de aireación para compensar la producción de calor asociada al aumento de la actividad metabólica. El agua eliminada por evaporación debe, en muchos casos, reponerse, lo que da lugar a un aumento local de la actividad del agua que no es deseable en los procesos estáticos. En los procesos semiestériles, este aumento de la actividad del agua puede provocar efectos adversos, como facilitar el crecimiento de bacterias contaminantes.

- **Aireación:**

Tiene distintas funciones en la EEA: oxigenación de los microorganismos, eliminación del CO_2 generado durante la fermentación, disipación del calor (regulación de la temperatura del medio), distribución del vapor de agua (regulación de la humedad) y distribución de los compuestos volátiles producidos durante el metabolismo. La tasa de aireación depende de la porosidad del medio, y los parámetros de presión parcial de oxígeno (pO_2) y de dióxido de carbono (pCO_2) deben optimizarse para cada tipo de sustrato, microorganismo y proceso.

Así pues, la aireación es un parámetro especialmente importante en la FES, ya que el ambiente gaseoso puede afectar significativamente a los niveles relativos de biomasa y a la producción de enzimas.

- **Humedad:**

El contenido de humedad del lecho es un factor crítico de los procesos en FES, ya que esta variable influye muy significativamente en el crecimiento microbiano, la biosíntesis y la secreción de diferentes metabolitos. Así, un bajo contenido de humedad dificulta la accesibilidad de los nutrientes del sustrato, lo que se traduce en un escaso crecimiento microbiano. Por otro lado, altos niveles de humedad provocan una disminución de la porosidad del sustrato, lo que dificulta la difusión de nutrientes. Además, en estas condiciones puede producirse un impedimento estérico causado por el sobrecrecimiento fúngico que reduce la porosidad de la matriz sólida, lo que dificultaría la transferencia de oxígeno.

Por ello, es conveniente buscar el nivel óptimo de humedad para optimizar el crecimiento del microorganismo o, en su caso, obtener una mayor producción de metabolitos (enzimas, ácidos orgánicos, entre otros).

Según Ellaiah [21], el contenido óptimo de humedad para el crecimiento de hongos sobre sustratos sólidos en la FES se sitúa entre el 40 % y el 70

%, pero depende del microorganismo y del sólido utilizado para cada cultivo. Por ejemplo, el crecimiento de *Aspergillus niger* sobre sustratos de almidón como la yuca y el salvado de trigo son óptimos a niveles de humedad más bajos que sobre pulpa de café o bagazo de caña de azúcar, lo que podría deberse a la alta capacidad de estos últimos sustratos para retener agua.

En la FES, el agua libre sólo aparece cuando se supera la capacidad de saturación de la matriz sólida. Sin embargo, el nivel de humedad al que aparece el agua libre varía en función del sustrato, con ejemplos que van desde niveles bajos como en la corteza de arce (40%) o el arroz y la yuca (50-55%), hasta niveles importantes como en la mayoría de sustratos lignocelulósicos (80%) [21].

- **Tamaño de las partículas:**

El tamaño de las partículas también es un factor principal a tener en cuenta. Los sustratos de partículas pequeñas proporcionan una gran área específica, lo que afecta positivamente al desarrollo del microorganismo. Sin embargo, un tamaño de partícula demasiado pequeño, que a su vez genera un espacio interparticular reducido, disminuye la eficacia de la respiración/aireación y dificulta el crecimiento microbiano. Por ello, es necesario llegar a un compromiso sobre el tamaño de las partículas en función del proceso de que se trate.

- **Diseño del reactor:**

Un aspecto especialmente importante de la fermentación en estado sólido es la búsqueda del diseño de biorreactor más adecuado para resolver problemas como la transferencia de calor y materia. Es especialmente importante que el diseño del reactor sea tal que sea posible mantener constante la temperatura y el contenido de humedad del sólido simultáneamente, lo que resulta complicado en procesos a gran escala. Bhargav et al. [22] muestran la siguiente clasificación de reactores:

- o Los reactores de bandeja constan de una cámara, con control de temperatura y humedad relativa, en la que el aire circula a través de una serie de bandejas que contienen una fina capa de sustrato. En este sistema, si es necesario mezclar el medio, suele hacerse manualmente y, en general, sólo una vez al día. Esta configuración de reactor es la más tradicional y no ha mostrado avances significativos en la última década.

o Los reactores de tambor rotativo producen la rotación del medio de fermentación de forma continua o intermitente. Si la agitación es intermitente, se comportan como biorreactores de bandeja durante el periodo estático y como los de agitación continua durante el periodo de rotación. Este tipo de rotación intermitente es potencialmente menos perjudicial para el micelio fúngico que la rotación continua.

o Los reactores de lecho fijo consisten en un lecho estático apoyado sobre una placa perforada a través de la cual se bombea aire. Son los biorreactores no agitados más utilizados porque la aireación forzada permite controlar más fácilmente las condiciones ambientales del lecho manipulando la temperatura y el caudal del aire de entrada [23].

CAPÍTULO III. MARCO METODOLÓGICO

3.1 Tipo de investigación

De acuerdo con los objetivos planteados, se trata de una investigación de tipo proyectivo, ya que aborda procesos explicativos, sucesos modificables y sucesos intervinientes para proponer un modelo empírico.

Según Hurtado [24], la investigación proyectiva propone soluciones a una situación dada a partir de un proceso de indagación. Implica explorar, describir, explicar y proponer alternativas de cambio, pero no necesariamente elaborar la propuesta.

3.2 Diseño de la investigación

Diseño significa plan, programa o se refiere a algún tipo de anticipación de lo que se va a "conseguir", es decir, la construcción de un objeto de estudio. El "diseño de la investigación" se define como el plan general de investigación que intenta dar respuestas claras e inequívocas a las preguntas de la investigación. Así pues, se hace hincapié en la dimensión estratégica del proceso de investigación.

Una vez especificados el objetivo general y el tipo de resultado que se pretende alcanzar, se elige el método para lograrlo. El diseño corresponde a aquellas decisiones que permiten al investigador lograr la validez de la investigación y la veracidad de sus conclusiones; éste, a diferencia del tipo de investigación, no se define en función del objetivo, sino del procedimiento. Para elegir el diseño de la investigación se establecen tres criterios generales: el origen de los datos, la perspectiva de temporalidad y/o la amplitud del enfoque [24].

Para la realización de esta investigación se manipula material orgánico dentro de un ambiente artificial, por lo tanto, el diseño de la investigación es de laboratorio, ya que la información relacionada con su estudio se obtiene de fuentes vivas y directas, en un contexto creado con fines de investigación.

3.3 Muestra del estudio

La muestra es una porción de la población que se toma para realizar el estudio y que se considera representativa (de la población). En el muestreo se seleccionan todas las unidades de estudio que se van a observar [24].

Para el presente estudio, se elige como muestra la naranja (Citrus sinensis), concretamente las cáscaras de naranja. La recogida de materia prima (cáscaras de naranja) en cantidad suficiente procede de unidades comerciales de venta de naranjas y zumos. Estas cáscaras son sometidas a diversas etapas de procesamiento y tratamiento, formando lechos lignocelulósicos.

3.4 Técnicas e instrumentos de recogida de datos

La observación y la sesión en profundidad son las técnicas que se utilizarán en este estudio. Las técnicas se definen como procedimientos utilizados para la recogida de datos; las técnicas de observación y de sesión en profundidad son, en concreto, la forma de obtener la información del acontecimiento, ya sea observándolo o participando en él [24].

Los instrumentos a utilizar en esta investigación son la medición, el registro y la captura, tal y como se especifica en la Tabla 1. Los instrumentos de medición nos proporcionan información de forma selectiva y precisa. Los instrumentos de grabación nos permiten mantener la información en periodos de tiempo prolongados, de modo que la información pueda recuperarse cuando sea necesario. Los instrumentos de captura proporcionan la percepción del acontecimiento, no sólo de forma selectiva, sino que también permiten amplificar los sentidos.

Tabla 1. Selección de técnicas e instrumentos de recogida de datos. [24]

TIPO DE TÉCNICA	INSTRUMENTO	TIPO DE INSTRUMENTO

OBSERVACIÓN	**Sin asistencia técnica**	Guía de observación	Captura y grabación
	Asistencia técnica	Escala Estufa Termómetro Rotámetro Manómetro en forma de U Compresor de aire Tamices	Medición
		Cámara	Captura y registro
SESIÓN EN PROFUNDIDAD	Guía de observación		Captura y registro

Los datos fueron recolectados en las instalaciones de los Laboratorios de Química y Operaciones Unitarias de la Facultad de Ingeniería de la Universidad Rafael Urdaneta (URU). Luego de la recolección de la muestra de estudio (cáscaras de naranja), estas son sometidas a las siguientes etapas de adecuación y tratamiento para proceder a su adecuada caracterización:

- **Selección:**

Esta operación se realiza considerando como requisito el mejor estado de los mismos, para evitar su descomposición temprana y asegurar una operación de secado con material en condiciones adecuadas.

- **Limpieza y despulpado:**

Lavado del material vegetal con abundante agua para eliminar impurezas y despulpado (Figura 1).

Figura 1. Selección, limpieza y despulpado de cáscaras amarillas de naranja.

- **Picar o cortar:**

Posteriormente, se cortó en trozos pequeños para facilitar las etapas posteriores de secado y tamizado (Figura 2).

Figura 2. Corte y rebanado de cáscaras de naranja amarilla

- **Presecado:**

Una vez limpias y cortadas las cáscaras de naranja, se presecan en el horno durante dos horas a 100°C para evitar su descomposición.

- **Aplastamiento:**

Para reducir el tamaño del material, se somete a la operación de trituración en un molino eléctrico de cuchillas de cocina (Oster® Food Processor, con

2 velocidades turbo, modelo FPSTFP1455), utilizando cargas a pesos iguales, realizando 3 intervalos de 10 segundos, obteniendo diversos tamaños de partícula para su posterior tamizado (Figura 3).

Figura 3. Presecado y trituración de cáscaras de naranja amarilla.

- **Tamizado:**

La clasificación se realiza mediante una serie de tamices con una muestra representativa, para determinar el tamaño medio de las partículas, correspondientes a las mallas N° 3, N° 4, N° 6, N° 8, N° 10, N° 12 y N° 14, en la tamizadora Tyler U.S. Standard Sieve Shaker y los datos se colocan en la Tabla 2. Después de tamizar la muestra, se calcula la gravedad específica del sólido tomando una muestra del material y colocándola en una probeta graduada. La muestra se comprime varias veces hasta eliminar los huecos, con lo que se mide el volumen (figura 4).

Figura 4. Secado y tamizado.

Tabla 2. Guía de observación para el tamizado de la muestra

Malla (N°)	Talla	di	Peso	*xi*	*fa*
3					
4					
6					
8					
10					
12					
14					

di: Diámetro de malla **Tamaño:** Tamaño de la muestra
xi: Fracción de peso **Peso:** Peso de la muestra
fa: Fracción acumulada

- **Secado:**

Una vez realizada la trituración, se toma una muestra y se seca en el horno modelo BLUE M (Figura 4), a 100°C durante 24 horas hasta alcanzar un peso constante, con el fin de determinar la humedad del sólido y calcular la cantidad de agua necesaria para saturar la muestra que se colocará en los biorreactores.

Para preparar el sustrato con el que se cargan inicialmente los biorreactores, se satura de humedad la masa sólida previamente secada. Se estima que la saturación se alcanza cuando la muestra total tiene entre un 40 % y un 70 % de humedad [23]. La saturación se alcanza cuando la muestra total tiene entre un 40 % y un 70 % de humedad [23]. Se añadió agua hasta alcanzar el porcentaje de saturación.

Se añadió agua hasta alcanzar el porcentaje de humedad adecuado. La Tabla 3 muestra la cantidad de agua añadida y la masa total en los biorreactores.

Tabla 3. Guía de observación para la saturación de la muestra.

Muestra (N°)	Peso de la muestra seca (g)	Agua añadida (cm)^3	Masa total

<table>
<tr><td></td><td></td><td></td><td></td></tr>
<tr><td></td><td></td><td></td><td></td></tr>
<tr><td></td><td></td><td></td><td></td></tr>
<tr><td></td><td></td><td></td><td></td></tr>
</table>

Tabla 4. Guía de observación para determinar el contenido de humedad de la muestra.

Muestra	EBW (g)	WBPDS (g)	WWS (g)	DSW (g)	H (g)	HDB (%)	HWB (%)

EBW: Peso del vaso vacío, **WBPDS:** Peso del vaso más muestra seca, **WWS:** Peso de la muestra húmeda, **DSW: Peso** de la muestra seca, **H:** Humedad, **HDB: Humedad** en base seca, **HWB:** Humedad en base húmeda.

Después de saturar la muestra, se preparan dos biorreactores, uno para la extracción de la muestra y otro para el control, colocando en cada uno de ellos 1.121,9 g de masa de sustrato inicial húmedo hasta una altura aproximada de 25 cm. El sustrato se comprime aplicando un peso durante 2 horas hasta alcanzar una altura constante y obtener un empaquetamiento denso. Una vez acondicionada la muestra húmeda, se deja avanzar el proceso de FES durante 12 días, controlando las variables de: temperatura exterior, temperatura del lecho o interior, aireación a razón de 5 L/min durante dos horas diarias y controlando la humedad para asegurar la saturación (Figura 5).

Figura 5. Muestreo y biorreactor cargado con cáscaras de naranja.

La aireación se realiza con un compresor de aire de 2 CV a una presión de aire constante de 50 psi. El caudal de aire se controla con un rotámetro que oscila entre 0 y 15 L/min. Se coloca un manómetro en forma de U entre la entrada del biorreactor y abierto a la atmósfera para medir la caída de presión frente al caudal, como se muestra en la Figura 6. Los datos se recogen inmediatamente en la Tabla 5. Los datos se recogen inmediatamente en la Tabla 5.

Tabla 1. Guía de observación de la caída de presión en función del caudal.

Caudal (L/min)	ΔP_1	ΔP_2	ΔP_3	ΔP
0				
3				
6				
9				
12				
15				
Q (L/min): Caudal (litros por minuto), $P\Delta_1$: Pérdida de carga 1, $P\Delta_2$: Pérdida de carga 2, $P\Delta_3$: Pérdida de carga 3, ΔP: Pérdida de carga media.				

Figura 6. Manómetro en forma de U, compresor de aire y rotámetro.

Cálculo de la densidad del sólido (ρ_s):

La densidad real del sólido de realiza por dos métodos:

(a) Se pesa una muestra seca en el horno y se coloca en una probeta graduada. La muestra se comprime a intervalos constantes para eliminar huecos, hasta conseguir un volumen constante.

b) Se sumerge una muestra del sólido en una probeta graduada que contiene agua y, en otra probeta, que contiene xileno, y se mide el volumen desplazado por el sólido.

Cálculo de la densidad aparente:

La densidad aparente se determina dividiendo la masa de sólido contenida en el biorreactor, por el volumen del biorreactor:

$$\rho_a = \frac{M_s}{V_L} \qquad \text{donde } V_L = A \cdot L \qquad (46)$$

Cálculo de la porosidad:

Con los valores de densidad sólida y densidad aparente, se calcula la porosidad inicial del lecho, utilizando la relación:

$$s - 1 - \frac{\rho_a}{\rho_s} \qquad (47)$$

En cada etapa del proceso de fermentación, el lecho se agita para airearlo y luego se comprime como se ha descrito. La muestra tomada para la determinación de la humedad en cada etapa se utiliza después de secarse hasta peso constante durante 24 horas para determinar la densidad del sólido existente. La densidad aparente y la porosidad se determinan midiendo la altura del lecho. La muestra se tamiza para determinar la granulometría. Este procedimiento se realiza en cada etapa, es decir, al cabo de 3, 6, 9 y 12 días.

3.5 Validez y fiabilidad:

La selectividad y la precisión proporcionadas por los instrumentos de medida corresponden, respectivamente, a la validez y la fiabilidad de la investigación. Para validar el modelo matemático, es esencial recoger los datos obtenidos en la experiencia de laboratorio, someterlos después a un análisis dimensional y verificarlos mediante las ecuaciones propuestas [24].

La fiabilidad del estudio se justifica *per se* en la experiencia de laboratorio, así como mediante el estudio de dos biorreactores en paralelo, de los que se extraen y estudian muestras para corroborar los macrodatos [25].

3.6 Fases de la investigación:

En esta parte se detallan las fases utilizadas con su correspondiente metodología para alcanzar los objetivos específicos propuestos en esta investigación, como puede verse a continuación:

Tabla 6. Descripción metodológica del objetivo específico n° 1.

OBJETIVO ESPECÍFICO N° 1 **Caracterizar la estructura de los lechos fijos de material lignocelulósico en diferentes etapas del proceso de fermentación sólida.**
FASE I **Caracterizar las muestras iniciales del material lignocelulósico.**
METODOLOGÍA

Determinar los parámetros físicos del material lignocelulósico inicial:

1.- Contenido de humedad del sólido.

2.- Tamaño del tamiz de la partícula.

3.- Densidad del sólido.

4.- Densidad aparente.

5.- Porosidad.

Tabla 7. Descripción metodológica del objetivo específico nº 2.

OBJETIVO ESPECÍFICO Nº 2 **Analizar la variación de los parámetros de flujo (caída de presión y velocidad del flujo de aire), en función de los parámetros estructurales previamente obtenidos.**
FASE II **Recoger los datos de caída de presión para el flujo de aire a diferentes caudales.**
METODOLOGÍA
Recoger datos sobre la caída de presión del aire que atraviesa el lecho de material lignocelulósico contenido en el biorreactor a diferentes caudales, para distintas etapas del proceso de fermentación sólida. Para estimar los valores medios. Caracterizar la estructura del material en cada etapa, es decir, a los 3, 6, 9 y 12 días.

Tabla 8. Descripción metodológica del objetivo específico nº 3.

OBJETIVO ESPECÍFICO Nº 3 **Determinar los parámetros adimensionales que relacionan las variables físicas que intervienen en el sistema.**
FASE III **Correlaciona los datos obtenidos.**
METODOLOGÍA
Correlaciona los datos obtenidos por observación y registro mediante el método π de Buckingham. Determinar grupos adimensionales combinando las variables físicas significativas.

Tabla 9. Descripción metodológica del objetivo específico nº 4.

OBJETIVO ESPECÍFICO N° 4.
Explique el significado físico de los parámetros adimensionales obtenidos contrastándolos con los parámetros predichos por el modelo de Ergun.
FASE IV **Compara los resultados.**
METODOLOGÍA
Compare los resultados generados en las fases anteriores con los proporcionados por el modelo semiempírico de Ergun. Dar un significado físico a los grupos adimensionales obtenidos. Establecer relaciones entre las variables.

Tabla 10. Descripción metodológica del objetivo específico nº 5.

OBJETIVO ESPECÍFICO N° 5
Proponer un modelo empírico para la predicción de los parámetros estructurales de un lecho fijo de material lignocelulósico durante el proceso de fermentación sólida.
FASE V **Construcción del modelo.**
METODOLOGÍA
Correlacionar las caídas de presión con los datos de velocidad superficial. Realizar un análisis dimensional con las variables: longitud del lecho, tamaño de las partículas. Correlacionar los parámetros adimensionales obtenidos utilizando los datos de caída de presión vs. velocidad y los valores de los parámetros físicos medidos. Establecer el modelo empírico que se ajusta para la predicción de los parámetros físicos estructurales.

CAPÍTULO IV. ANÁLISIS DE LOS RESULTADOS

El análisis de los resultados se realiza teniendo en cuenta las fases de la investigación.

4.1 Fase I. Caracterizar las muestras iniciales del material lignocelulósico.

4.1.1 Temperatura

Al caracterizar las muestras en la FES durante 12 días, las temperaturas obtenidas en el proceso pueden ser observadas en la Tabla 11, mostrando que la temperatura interna aumentó con el pasar de los días, evidenciando la presencia de un bioproceso de transformación que corresponde a los datos proporcionados por la literatura en relación a la FES [26].

Tabla 11. Control de la temperatura externa e interna del lecho en el bioproceso.

Día	Hora	Temperatura exterior (°C)	Temperatura interior (°C)
0	10:30	28	29,0
3	10:30	28	30,0
6	10:30	28	31,0
9	10:00	29	32,0
12	10:30	27	32,0

4.1.2 Humedad

La tabla 12 muestra en la primera fila los datos para obtener la humedad del lecho empacado a los 0 días, se extrae una muestra para ser presecada en el horno durante 2 horas a 105°C, con un peso de muestra + vaso de 250,8 g (peso del vaso vacío = 150,8 g + peso de la muestra = 100 g). El peso de la muestra seca + vaso = 227,43 g.

El contenido de humedad de la muestra se obtiene restando el peso de la muestra + vaso húmedo (250,8 g) del peso de la muestra + vaso seco (227,43 g), de este modo:

$$250,8 \text{ g} - 227,43 \text{ g} = 23,37 \text{ g}$$

Tabla 12. Determinación del contenido de humedad de la muestra durante 12 días.

Muestra	EBW (g)	WBPDS (g)	WWS (g)	DSW (g)	H(g)	HDB (%)	HWB (%)
0 días	150,80	250,80	227,43	100,00	76,63	23,37	23,37
3 días	83,38	137,14	98,24	53,76	17,88	35,88	66,76
6 días	81,19	143,17	119,09	61,98	36,19	25,79	41,61
9 días	81,13	136,49	96,09	55,36	14,96	40,40	72,97
12 días	81,16	148,21	106,37	67,05	25,21	41,84	62,41

EBW: Peso del vaso vacío, **WBPDS:** Peso del vaso más muestra seca, **WWS**: Peso de la muestra húmeda, **DSW: Peso de la muestra seca, H:** Humedad, **HDB: Humedad** en base seca, **HWB:** Humedad en base húmeda.

Tabla 13. Tamizado de muestras.

Malla (N°)	Tamaño de la muestra	Diámetro de la malla	Peso de la muestra	Fracción de peso (xi)	*Fracción acumulada (fa)*
3	6,68				1,00
4	4,76	5,72	17,17	0,10	0,90
6	2,38	3,57	76,20	0,42	0,48
8	2,00	2,19	16,89	0,09	0,39

10	1,65	1,83	16,46	0,09	0,30
12	1,19	1,42	29,27	0,16	0,14
14	0,99	1,09	24,51	0,14	0,00

Tabla 14. Parámetros obtenidos experimentalmente.

Día	Diámetro de las partículas (m)	Porosidad (ε)	Longitud (L (m))	Densidad aparente (ρa (kg/m^3))	Densidad del sólido (ρs (kg/m^3))
0	1,990 E-03	0,836	0,200	176,46	1076
3	2,330 E-03	0,825	0,195	180,95	1034
6	2,590 E-03	0,813	0,165	193,36	1034
9	2,730 E-03	0,811	0,165	191,08	1011
12	2,850 E-03	0,807	0,160	195,12	1011

Los valores indicados en la tabla anterior para los parámetros físicos del proceso indican lo siguiente:

La porosidad del lecho disminuye durante el proceso.

El diámetro de las partículas aumenta, debido al fenómeno de asociación de finos en el lecho.

La densidad aparente aumenta a medida que lo hace el diámetro de las partículas.

La densidad del sólido cambia en cada etapa, debido a los cambios provocados por los microorganismos en el sustrato.

4. 2 Fase II. Recopilación de datos sobre la caída de presión.

Tabla 15. Caídas de presión en función del caudal (Día 0).

Caudal (L/min)	ΔP_1	ΔP_2	ΔP_3	ΔP
0	0,0	0,0	0,0	0,00
3	0,1	0,1	0,2	0,13

6	0,3	0,3	0,3	0,33
9	0,4	0,4	0,4	0,40
12	0,5	0,5	0,5	0,50
15	0,6	0,6	0,6	0,60

Tabla 2. Caídas de presión en función del caudal (Día 3).

Caudal (L/min)	ΔP_1	ΔP_2	ΔP_3	ΔP
0	0,0	0,0	0,0	0,0
3	0,2	0,2	0,2	0,2
6	0,3	0,3	0,3	0,3
9	0,4	0,4	0,4	0,4
12	0,5	0,6	0,5	0,53
15	0,6	0,7	0,8	0,7

Se puede observar en la Tabla 15 (Día 0, Hora: 10:00 am, Temperatura Externa: 28°C, Temperatura Interna: 29°C y h: 20 cm) y en la Tabla 16 (Día 3, Hora: 10:30 am, Temperatura Externa: 28°C, Temperatura Interna: 30°C y h: 20 cm) que los datos de caída de presión (Δ P) no presentan una variación muy representativa.

Cuadro 3. Caídas de presión en función del caudal (Día 6).

Caudal (L/min)	ΔP_1	ΔP_2	ΔP_3	ΔP
0	0,0	0,0	0,0	0,0
3	0,2	0,3	0,4	0,3
6	0,4	0,6	0,5	0,5
9	0,9	0,8	1,0	0,9
12	1,4	1,5	1,3	1,3
15	1,6	1,8	1,7	1,7

Cuadro 4. Caídas de presión en función del caudal (día 9).

Caudal (L/min)	ΔP_1	ΔP_2	ΔP_3	ΔP
0	0	0	0	0,00
3	0,6	0,5	0,7	0,50
6	0,9	0,9	1,1	0,97
9	1,5	1,6	1,7	1,60
12	2,1	2,2	2,3	2,20
15	2,7	2,8	2,9	2,70

Cuadro 5. Caídas de presión en función del caudal (día 12).

Caudal (L/min)	ΔP_1	ΔP_2	ΔP_3	ΔP
0	0	0	0	0,00
3	0,6	0,6	0,6	0,50
6	1,2	1,2	1,3	1,23
9	2,0	2,0	1,9	1,97
12	3,0	2,9	2,8	2,90
15	4,0	4,0	3,9	3,97

En la Tabla 17 (Día 6, Hora: 10:30 am, Temperatura Externa: 28°C, Temperatura Interna: 31°C y h: 16,5 cm), Tabla 18 (Día 9, Hora: 10:30 am, Temperatura Externa: 29°C, Temperatura Interna: 32°C y h: 16,5 cm) y Tabla 19 (Día 12, Hora: 10:30 am, Temperatura Externa: 27°C, Temperatura Interna: 32°C y h: 16
cm) correspondientes al día 6th , 9th y 12th respectivamente del lecho empacado en el biorreactor, se nota un aumento considerable, esto se debe al mismo proceso de FES que cambia el tamaño de las partículas y produce un aumento en la caída de presión (ΔP).

Los valores de caudal Q (L/min) obtenidos se convierten en su equivalente de velocidad superficial v (m/s) mediante la relación:

$$v = \frac{Q}{A} \tag{48}$$

expresada previamente en caudal (m^3 / s). Así, la velocidad superficial v se obtuvo a partir de:

$$v = \frac{4Q}{\pi D^2} \tag{49}$$

La caída de presión ΔP se midió experimentalmente en cm H_2 O. Tras manipular los valores recogidos de la caída de presión frente al caudal, se obtuvieron los siguientes resultados, que se muestran en la Tabla 20.

Tabla 20. Variación de la caída de presión por unidad de longitud, en función de la velocidad de la superficie del aire, en las distintas etapas del proceso de fermentación.

Velocidad	Día 0	Día 3	Día 6	Día 9	Día 12
v (m/s)	$\Delta P/L$ (N/m)^3	$\Delta P/L$ (N/m)^3	$\Delta P/L$ (N/m)^3	$\Delta P/L$ (N/m)^3	$\Delta P/L$ (N/m)^3
0	0,00	0,00	0,00	0,00	0,00
0,0028	63,75	100,56	178,30	356,61	367,75
0,0057	161,81	150,82	297,15	574,55	755,94
0,0085	196,15	201,18	534,91	950,91	1205,38
0,0114	245,15	266,56	772,61	1307,52	1777,44
0,0142	294,19	352,05	1010,36	1664,12	2431,19

Se realizó un proceso de regresión utilizando el programa Excel, con los valores de

$(\frac{\Delta P}{L})$ y v, obteniendo correlaciones de la forma:

Tabla 21. Correlación entre ΔP/L frente a v.

Día	Correlación

3	$\Delta P/L = 26948\ v - 31419\ v^2$ (R^2 =0,984)
6	$\Delta P/L = 48501\ v + 2E{+}06\ v^2$ (R^2 =0,997)
9	$\Delta P/L = 98363\ v + 1E{+}06\ v^2$ (R^2 =0,997)
12	$\Delta P/L = 105460\ v + 5E{+}06\ v^2$ (R^2 =0,999)

4.2.1 Análisis dimensional

Si las variables que intervienen en el proceso con sus respectivas dimensiones son:

Caídas de presión $\Delta P\ \left[ML^{-1}t^{-1}\right]$ Longitud del lecho $L\ [L]$

Velocidad superficial $v\ \left[Lt^{-1}\right]$ Diámetro especifico de las partículas $d_p\ [L]$

Viscosidad del fluido $\mu\ \left[ML^{-1}t^{-1}\right]$ Densidad del fluido, ρ $\left[ML^{-3}\right]$

A partir del Teorema Pi de Buckingham, dado que tenemos $k = 6$ variables dimensionales y $r = 3$ dimensiones básicas, el número de parámetros adimensionales es $k - r = 3$.

Π productos.

Hagámoslo:

$$\Pi_1 = \Delta P\mu^a \rho^b d_p{}^c - M^0 L^0 t^0 \quad \Rightarrow \quad \left(ML^{-1}t^{-2}\right)\left(ML^{-1}t^{-1}\right)^a \left(ML^{-3}\right)^b \left(l\right)^c = M^0 L^0 t^0$$

$$\Rightarrow$$

$$M : a + b + 1 = 0$$
$$L : -a - 3b + c - 1 = 0 \quad \Rightarrow \quad a = -2 \quad b = 1 \quad c = 2 \quad \Rightarrow$$
$$t : -a - 2 = 0$$

$$\Pi_1 = \Delta P \mu^{-2} \rho d_p^{\,2} \quad \Rightarrow \quad \Pi_1 = \frac{\rho d_p^{\,2} \Delta P}{\mu^2}$$

$$\Pi_2 = \mu^d \rho^e d_p^{\,f} v = M^0 L^0 t^0 \quad \Rightarrow \quad \left(ML^{-1}t^{-1}\right)^d \left(ML^{-3}\right)^e (L)^f \left(Lt^{-1}\right) = M^0 L^0 t^0 \quad \Rightarrow$$

$$M : d + e = 0$$
$$L : -d - 3e + f + 1 = 0 \quad \Rightarrow \quad d = -1 \quad \Rightarrow \quad f = 1 \quad \Rightarrow \quad e = 1$$
$$t : -d - 1 = 0$$

$$\Pi_2 = \mu^{-1} \rho d_p v \quad \Rightarrow \quad \Pi_2 = \frac{\rho d_p v}{\mu}$$

$$\Pi_3 = \mu^g \rho^h D_p^{\,i} L = M^0 L^0 t^0 \quad \Rightarrow \quad \Pi_3 = \left(ML^{-1}t^{-1}\right)^g \left(ML^{-3}\right)^h (L)^i L = M^0 L^0 t^0 \quad \Rightarrow$$
$$M : g + h = 0$$

$$L : -g - 3h + i + 1 = 0 \quad \Rightarrow \quad g = 0 \quad i = -1 \quad h = 0 \quad \Rightarrow$$

$$t : -g = 0$$

$$\Pi_3 = d_p^{\,-1} L \quad \Rightarrow \quad \Pi_3 = \frac{L}{d_p}$$

Se realizaron operaciones entre los parámetros para obtener grupos adimensionales conocidos:

$$\frac{\Pi_1}{\left(\Pi_2\right)^2} = \frac{\dfrac{\rho d_p^{\,2} \Delta P}{\mu^2}}{\left(\dfrac{\rho d_p v}{\mu}\right)^2} = \frac{\mu^2 \rho d_p^{\,2} \Delta P}{\mu^2 \left(\rho^2 d_p^{\,2} v^2\right)} = \frac{\Delta P}{\rho v^2} \tag{50}$$

$$\Pi_4 = \frac{\Delta P}{\rho v^2} = Eu \qquad \text{Número de Euler y } \Pi_2 = Re \text{ Número de Reynolds}$$

Se obtuvo la siguiente ecuación dimensional:

$$\frac{\Pi_4}{\Pi_3} = f(\Pi_2) \Rightarrow \qquad Eu\left(\frac{d_p}{L}\right) = f(\mathrm{Re})$$

(51)

Los valores de los parámetros adimensionales se correlacionaron $Eu\left(\dfrac{dp}{L}\right)$ vs Rep , tomando el tamaño efectivo de las partículas dp como el tamaño medio del tamiz d_{tam} , para las diferentes etapas.

El mejor ajuste en promedio para todas las etapas, medido por el coeficiente R^2 , fue la forma potencial.

$$Eu\left(\frac{d_p}{L}\right) = a(\mathrm{Rep})^b$$

(52)

Las siguientes ecuaciones se obtuvieron a partir de los ajustes:

Tabla 22. Correlación entre Eu (dp/L) vs Rep.

Día	Correlación
0	Eu (dp/L) = (Rep)$^{-1.08}$ (R^2 =0,976)
3	Eu (dp/L) = (Rep)$^{-1.08}$ (R^2 =0,976)
6	Eu (dp/L) = 23118 (Rep)$^{-0.90}$ (R^2 =0,969)
9	Eu (dp/L) = 46071 (Rep)$^{-0.94}$ (R^2 =0,996)
12	Eu (dp/L) = 62519 (Rep)$^{-0.84}$ (R^2 =0,990)

Ecuación de colocación:

$$Eu\left(\frac{d_p}{L}\right) = a(\mathrm{Rep})^b$$

(53)

de la forma:

$$Eu\left(\frac{dp}{L}\right) = a\left(\frac{\rho v d_p}{\mu}\right)^{b} \Rightarrow Eu\left(\frac{dp}{L}\right) = a\left(\frac{\rho v}{\mu}\right)^{b} d_p^{\ b} \Rightarrow$$

$$\left(\frac{dp}{d_p^{\ b}}\right) = \frac{aL}{Eu}\left(\frac{\rho v}{\mu}\right)^{b} \Rightarrow dp^{1-b} = \frac{aL}{Eu}\left(\frac{\rho v}{\mu}\right)^{b} \Rightarrow \qquad dp = \left[\frac{aL}{Eu}\left(\frac{\rho v}{\mu}\right)^{b}\right]^{\frac{1}{1-b}}$$

(54)

Se obtuvo una relación entre el tamaño de las partículas y los valores experimentales de la caída de presión por unidad de longitud, la velocidad superficial y las constantes obtenidas del análisis dimensional. A partir de la ecuación de Ergun, considerando que:

$$A = \frac{150(1-\varepsilon)^2 \mu}{\varphi^2 d_p^{\ 2} \varepsilon^3} \qquad\qquad y\, B = \frac{1{,}75(1-\varepsilon)\rho}{\varphi d_p \varepsilon^3} \ , \ (55)$$

definimos las constantes C_1 y C_2 dadas por:

$$C_1 = \frac{150(1-\varepsilon)^2 \mu}{\varepsilon^3} v \qquad\qquad y\, C_2 = \frac{1{,}75(1-\varepsilon)\rho}{\varepsilon^3} v^2 \qquad (56)$$

para cada dato de flujo, que nos permiten obtener un valor medio del tamaño efectivo de partícula d_e , para cada etapa del proceso mediante la ecuación:

$$\frac{\Delta P}{L} d_e^{\ 2} - C_2 d_e - C_1 = 0$$

$$\qquad\qquad\qquad\qquad (57)$$

Como $d_e = \varphi \cdot d_p$, obtenemos el factor de forma o esfericidad φ , a través del cual podemos obtener otros parámetros físicos como la superficie efectiva del lecho, permeabilidad, porosidad, entre otros.

A partir de la ecuación $k = \dfrac{d_e^{\ 2}}{A} \cdot \dfrac{\varepsilon^3}{(1-\varepsilon)^3}$ citada en [6], se puede conocer la permeabilidad del lecho.

Por otro lado, la porosidad se obtiene a partir de la correlación de la porosidad experimental y los valores del factor de forma, derivados de las correlaciones anteriores, donde se obtuvo la siguiente correlación entre la porosidad ε frente al factor de forma φ:

$$\varepsilon = 0{,}833 - 1{,}768\varphi + 30{,}65\ \varphi^2$$
$$(R^2 = 0{,}987)$$

En resumen, se obtuvieron las siguientes correlaciones para describir el proceso durante las distintas etapas, véase el cuadro 23.

Tabla 23. Correlaciones entre el modelo de Ergun y el análisis dimensional.

Día	Modelo Ergun	Análisis dimensional
0	$\dfrac{\Delta P}{L} = 28589v - 9{,}89 \times 10^4 v^2$	$Eu\left(\dfrac{dp}{L}\right) = 5126(\mathrm{Rep})^{-1{,}08}$
3	$\dfrac{\Delta P}{L} = 26948v + 3{,}14 \times 10^4 v^2$	$Eu\left(\dfrac{dp}{L}\right) = 8372(\mathrm{Rep})^{-1{,}24}$
6	$\dfrac{\Delta P}{L} = 48501v - 2 \times 10^6 v^2$	$Eu\left(\dfrac{dp}{L}\right) = 23118(\mathrm{Rep})^{-0{,}90}$
9	$\dfrac{\Delta P}{L} = 98363v + 1 \times 10^6 v^2$	$Eu\left(\dfrac{dp}{L}\right) = 46071(\mathrm{Rep})^{-0{,}94}$
12	$\dfrac{\Delta P}{L} = 105460v + 5 \times 10^6 v^2$	$Eu\left(\dfrac{dp}{L}\right) = 62519(\mathrm{Rep})^{-0{,}84}$

CONCLUSIONES

La estructura física del material lignocelulósico derivado de la piel de naranja se caracteriza por un alto contenido de humedad, una densidad en base húmeda cercana a la densidad del agua.

El lecho fijo de cáscara de naranja molida, con un amplio rango de tamaño de malla en el cribado 14<mesh<3, presenta una elevada porosidad, que permite una dinámica de flujo de aire, caracterizada por bajas caídas de presión por unidad de longitud del lecho, adecuada para un proceso fermentativo aeróbico eficiente.

En el desarrollo en el tiempo del proceso de fermentación en estado sólido, se evidencia una disminución de la porosidad del lecho, debido al aumento del tamaño de las partículas (tamiz), por asociación de finos causados por el crecimiento de la flora microbiana. Esto también se evidencia por el aumento de la caída de presión a velocidades superficiales iguales a lo largo del tiempo.

El sistema se comporta según los modelos propuestos en la literatura, consistentes en una relación cuadrática de la caída de presión por unidad de longitud con respecto a la velocidad, como el modelo de Ergun.

El análisis dimensional establece la dependencia del sistema de los parámetros adimensionales Eu, Rep y dp/L, derivados de las variables que intervienen en el proceso.

El ajuste de los datos de ΔP/L vs v, permitió obtener un modelo cuadrático para cada etapa del proceso, a partir del cual se pueden calcular los parámetros físicos, tamaño efectivo de partícula $\left(d_e\right)$ y factor de forma $\left(\varphi\right)$, , que tienen la siguiente forma:

$$\frac{\Delta P}{L} = Av + Bv^2$$

donde los valores de A y B varían con el tiempo.

El análisis dimensional nos permitió obtener un modelo potencial de la forma:

$$Eu\left(\frac{d_{tam}}{L}\right) = a(\text{Rep})^{b}$$

donde las constantes a y b varían en cada etapa y a partir de las cuales se puede obtener la granulometría media a lo largo del tiempo.

La porosidad disminuye al disminuir el factor de forma, siguiendo un modelo cuadrático, obtenido ajustando los valores de porosidad en función del factor de forma.

Debido al número de factores que intervienen en el proceso de fermentación en estado sólido (SSF), es pertinente considerar algunas alternativas de análisis, por ejemplo:

- Realizar el estudio para un tamaño de partícula específico, tamizar el material molido y tomar una luz de malla o separar en varias luces de malla y analizar cada fracción por separado.

- Amplíe el procedimiento a otros sustratos.

- Considere otras relaciones entre la longitud y el diámetro del biorreactor.

REFERENCIAS BIBLIOGRÁFICAS

[1] González Santillán, M. K. (2023). Análisis estructural y propiedades de adsorción del biocarbón a partir de residuos orgánicos (café molido, cáscara de naranja y aguacate). (Tesis para obtener el grado de Licenciatura en Biotecnología). Facultad de Ciencias. Universidad Autónoma del Estado de México.

[2] Chandler, C., Ferrer, J., Mármol, Z., Páez, G., Ramones, E., & Perozo, R. (2008). Efecto de la aireación en el compostaje del bagazo de caña de azúcar. Multiciencias , 19-27.

[3] Berradre, M., Mejías, M., Ferrer, J., Chandler, C., Páez, G., Mármol, Z., et al. (2009). Fermentación en estado sólido de residuos generados en la industria vitivinícola. Revista Facultad de Agronomía LUZ , 398-422.

[4] Mohee, R., & Mudhoo, A. (2005). Analysis of the physical properties of an in vessel composting matrix. *Powder Technology*, 92-99.

[5] Richard, T. L., Veeken, A. H., de Wilde, V., & Hamelers, H. V. (2004). Air- Filled Porosity and Permeability Relationships during Solid-State Fermentation. *Biotechnology Progress* , 1372-1381.

[6] Ahn, H., Richard, T., & Glanville, T. (2007). Laboratory determination of compost physical parameters for modeling of airflow characteristics. *Gestión de residuos* , 660-670.

[7] Ruggieri, L., Gea, T., Artola, A. & Sánchez, A. (2009). Medidas de porosidad por picnometría de aire en el proceso de compostaje: Una revisión y un análisis de correlación. *Bioresource Tecnology* , 2655-2666.

[8] Olivares, G., Barbosa, L., Roca, G., Brosard, L. (2008). Correlaciones Empíricas Aproximadas para la Caracterización de las Propiedades Físicas y Geométricas de la Biomasa Sólida Particulada: Casos de Estudio de la Hierba Elefante y de la Basura de Caña de Azúcar.

[9] Olivares, E., Roca, G. A., Glauco, C., & Barbosa, L. A. (2006). Caracterización del bagazo de caña de azúcar. Parte I: Características físicas. Actas Scielo.

[10] Wu, J.-S., y Yin, S.-X. (2009). A Micro-Mechanism Model for Porous Media. *Communications in Theoretical Physics*, 936-940.

[11] Niven, R. K. (2002). Physical insight into the Ergun and Wen & Yu equations for fluid flow in packed and fluidised *beds*. *Chemical Engineering Science*, 527-534.

[12] Darby, R. (2001). Mecánica de Fluidos en Ingeniería Química. (2da Edición). Nueva York, USA: Marcel Dekker Inc.

[13] Dullien, F. A. L. (1992). Medios Porosos. (2da Edición). California, USA: Academic Press Inc.

[14] McCabe, W., Smith, J. & Harriot, P. (1991). Operaciones unitarias en ingeniería química (4ª edición). España: McGraw Hill.

[15] Levenspiel, O. (1993). Flujo de fluidos e intercambio de calor. España: Editorial Revesté, S.A.

[16] Munson, B. R., Young, D.F., Okiishi, T. H. & Huebsch, W. (2009). Fundamentos de Mecánica de Fluidos. (6ta Edición). Jefferson City, EE.UU.: John Wiley & Sons.

[17] Shaughnessy, E. J., Katt, I. M. & Shaffer, J. (2005). Introducción a la Mecánica de Fluidos. (1era Edición). Nueva York, EE.UU.: Oxford University Press.

[18] Ferrer, J.R., Páez, G., Mármol, Z., Ramones, E., Chandler, C., Marin, M & Ferrer, A. Agronomic use of biotechnologically processed grape wastes. *Bioresource Technology*, 76(1), 39-44. 2001.

[19] Viniegra-González G. (1997). *Fermentación en estado sólido: Definición, Características, limitaciones y seguimiento*. En Roussos, S.; Lonsane B. K.; Raimbault M. y Viniegra-González, G. Eds. Advances in

Solid State Fermentation, Kluwer Acad. Publ., Dordrecht, Capítulo 2: pp. 5-22.

[20] Ferrer, J.R., Machado, J.L. & Brieva, J. (2014). Fermentación en estado sólido: una alternativa biotecnológica para el aprovechamiento de residuos agroindustriales. Revista Tecnocientífica URU, 7, 11-22.

[21] Ellaiah, P., Adinarayana, Y., Bhavani, P., Padmaja, B., & Srinivasulu. (2002). Optimization of process parameters for glucoamylase production under solid state fermentation by a newly isolated Aspergillus species. *Process Biochemistry*,38,615-620.
(1ra Edición) Universidad de Andhra, India.

[22] Bhargav, S., Panda, B., Ali, m., & Javed, S. (2008). Solid state fermentation: An overview. *Chem. Biochem. Eng. Q.*, 22 (1), 49-70.

[23] Ferrer, J. R. y Medina, A. (2024). Fermentación en estado sólido. España: Editorial Académica Española.

[24] Machado, J. L. (2013). Modelo Empírico para la Predicción de las Propiedades Estructurales de Lechos Fijos de Material Lignocelulósico durante el Proceso de Fermentación Sólida. (Tesis de Magister Scientiarum en el Área de Ciencias Aplicadas: Física). Facultad de Ingeniería. Universidad del Zulia. Venezuela.

[25] Hurtado, J. (2010). El proyecto de investigación. Caracas, Bogotá: Ediciones Quirón.

[26] Tahir, Z., Khan, M. I., Ashraf, U., RDN, A. I. & Mubarik, U. (2023). Industrial Application of Orange Peel Waste; A Review. International Journal of Agriculture and Biosciences, 12(2), 71-76. https://doi.org/10.47278/journal.ijab/2023.046

I want morebooks!

Buy your books fast and straightforward online - at one of world's fastest growing online book stores! Environmentally sound due to Print-on-Demand technologies.

Buy your books online at
www.morebooks.shop

¡Compre sus libros rápido y directo en internet, en una de las librerías en línea con mayor crecimiento en el mundo! Producción que protege el medio ambiente a través de las tecnologías de impresión bajo demanda.

Compre sus libros online en
www.morebooks.shop

info@omniscriptum.com
www.omniscriptum.com
OMNIScriptum

Printed by Books on Demand GmbH, Norderstedt / Germany